BEI GRIN MACHT SICH IHR WISSEN BEZAHLT

- Wir veröffentlichen Ihre Hausarbeit,
  Bachelor- und Masterarbeit

- Ihr eigenes eBook und Buch -
  weltweit in allen wichtigen Shops

- Verdienen Sie an jedem Verkauf

Jetzt bei www.GRIN.com hochladen und kostenlos publizieren

Melanie Herrmann

Agrobusiness - Wirtschaft in der Landwirtschaft

Ist Agrobusiness ein Weg, Hunger und Armut zu lindern?

GRIN Verlag

Bibliografische Information der Deutschen Nationalbibliothek:

Die Deutsche Bibliothek verzeichnet diese Publikation in der Deutschen National-
bibliografie; detaillierte bibliografische Daten sind im Internet über http://dnb.d-
nb.de/ abrufbar.

Impressum:

Copyright © 2005 GRIN Verlag GmbH
Druck und Bindung: Books on Demand GmbH, Norderstedt Germany
ISBN: 978-3-638-66579-7

Dieses Buch bei GRIN:

http://www.grin.com/de/e-book/58134/agrobusiness-wirtschaft-in-der-landwirtschaft

GRIN - Your knowledge has value

Der GRIN Verlag publiziert seit 1998 wissenschaftliche Arbeiten von Studenten, Hochschullehrern und anderen Akademikern als eBook und gedrucktes Buch. Die Verlagswebsite www.grin.com ist die ideale Plattform zur Veröffentlichung von Hausarbeiten, Abschlussarbeiten, wissenschaftlichen Aufsätzen, Dissertationen und Fachbüchern.

Besuchen Sie uns im Internet:

http://www.grin.com/

http://www.facebook.com/grincom

http://www.twitter.com/grin_com

Agrobusiness

Seminararbeit

vorgelegt am Lehrstuhl für Wirtschaftsgeographie
der Universität Mannheim

von

Melanie Herrmann

Mannheim, 04. Februar 2005

Inhaltsverzeichnis

Abbildungsverzeichnis

1   Der Begriff Agrobusiness

Der Begriff Agrobusiness oder Agribusiness bezeichnet einen „über den traditionellen Agrarsektor hinausgehenden, übergreifenden Produktionskomplex"[1]. Agrobusiness enthält dem folgend alle Wirtschaftsbereiche, die in Verbindung mit der Landwirtschaft stehen. „Das Agrobusiness ist als Ergebnis der fortschreitenden Arbeitsteilung zu sehen. Im Verlauf dieser Entwicklung hat sich das vielseitige Produktionsprogramm des hauswirtschaftlich-landwirtschaftlichen Betriebes durch Ausgliederung stark vereinfacht, der Landwirt wurde gleichzeitig auf die Rolle des Rohstofferzeugers reduziert."[2] Produzenten von Agrarprodukten können ihre Erzeugnisse nur direkt und regional selber an den Kunden verkaufen. Um die Produkte an die breite Masse von Konsumenten oder Handelsketten absetzen zu können, bedarf es bestimmter Voraussetzungen. Zum Beispiel muss Milch bevor sie durch einen Supermarkt verkauft werden kann und darf einem Prozess unterzogen werden, der sie von Keimen befreit und homogenisiert. So oder in ähnlicher Weise durchlaufen die Rohstoffe bestimmte Prozesse bevor sie in den Verkauf gelangen. „Ohne fachgerechte Homogenisierung, Stabilisierung und Konservierung und ohne Marketingstrategien bzw. moderne Vertriebslogistik, wie sie der Fachhandel und die großen Ladenketten erwarten"[3], kann der Produzent nur einen kleinen Teil von potenziellen Endkunden erreichen. Die Produktionskette wird vom Ende her gesteuert. Am Ende bzw. in den nach gelagerten Stufen der Wertschöpfungskette der Landwirtschaft werden die höchsten Gewinne generiert. Vergleichsweise sind im Bereich der Rohstofferzeugung nur noch geringe Profite zu erwirtschaften. Es wir deutlich: „Verdient wird nicht in der Landwirtschaft, sondern an der Landwirtschaft. Die Profiteure sind eine Reihe von Unternehmen im vor- und nachgelagerten Bereich. Und das Geschäft mit Saatgut, Düngemittel, Pestiziden und Futtermitteln ebenso wie Weiterverarbeitung und der Groß- und Einzelhandel mit Lebensmittel." Dieses verdeutlicht ein Beispiel der ECO-News Deutschland in ihrem Artikel „Agrobusiness im Visier – Bauer und Zivilgesellschaft wehren sich gegen die Macht der Supermärkte". „Sie geraten immer mehr unter den Preisdruck, der von Supermarktketten mit ihrer Marktmacht erzeugt und über die verarbeitenden Betriebe an die Bauern weitergegeben wird. Inzwischen teilen sich fünf große Supermarktketten einen Anteil von über 60 Prozent des deutschen Lebens-

---

[1] Heydenreich, Cornelia: Agrobusiness im Visier, in: Germanwatch, Blickpunkt Welthandel, Ausgabe 2, April 2004, S.6.
[2] Ebd. S. 6.
[3] Ebd. S. 6.

mittelmarktes – vor 20 Jahren waren es nur 26 Prozent."[4] Dieser Konzentrationstrend ist auch international zu beobachten. Beispielsweise belegt die Metro-Handelskette den fünften Rang der weltweit größten Lebensmittelhändler. An der Spitze steht die Handelskette WalMart. Kleine Produzenten haben oft keine Chance, da es ihnen kaum bis gar nicht möglich ist, regelmäßig entsprechende Mengen so anzuliefern wie es Einzelhandel und letztlich Kunde verlangen verlangt.[5]

„Der zur Beschreibung des Produktionssystems eigentlich wertneutrale Begriff Agrobusiness"[6] ist auch ein Begriff für die Ausdehnung der „Vermarktung und Verarbeitung landwirtschaftlicher Erzeugnisse durch große private Unternehmen"[7]. Weiter wurde Agrobusiness durch internationale Nahrungsmittelkonzerne geprägt, „sodass er heute auch nicht mehr nur für das Produktionssystem, sondern auch für die Institution Verwendung findet, die das System kontrolliert und die Gewinne abzweigt"[8]. Unter dem Begriff des Agrobusiness wird daneben „die Gesamtheit aller für die Versorgung der Bevölkerung mit Nahrungsmitteln ablaufenden Wirtschaftsprozesse" [9] verstanden. In diesem Kontext wird besonders die Rolle der Agrobusinessunternehmen in Entwicklungsländern skeptisch betrachtet. Vor allem in wie weit sie wirklich Nutzen statt Schaden für die Bevölkerung mit sich bringt.

„In den USA beherrschen überbetriebliche Unternehmensformen in steigendem Maße den gesamten Produktions- und Vermarktungsprozess und schränken die Entscheidungsfreiheit des einzelnen Farmers, der den hohen Kapital- und Organisationsaufwand nicht mehr leisten kann, ein."[10] Finanziert und organisiert wird das ganze von Agribusinessfirmen. Die Produzenten werden hier durch Verträge gebunden und die „Produktionsstufen zentral koordiniert. Entsprechende Entwicklungen sind auch für Europa zu erwarten. Die europäische Landwirtschaftspolitik arbeitet dem Agrobusiness zu"[11]. Es geht hin zu „Einheitlichkeit, Lagerfähigkeit, große Stückzahlen"[12], die bewiesenermaßen seit ihrer Umsetzung die Erträge pro Hektar wachsen lassen. „Dieser vermeintlichen Effektivität des Agrobusiness stehen Fragen der Ethik und der Umweltwirkungen von landwirt-

---

[4] Heydenreich, Cornelia: Agrobusiness im Visier, S. 6.
[5] Siehe Ebd. S. 6.
[6] Siehe O. V.: Lexikon der Geographie,
   http://www.wissenschaft-online.de/abo/lexikon/geogr/191&show_price=nolinks, Stand 05.12.2004.
[7] Siehe Baer, Dieter (Red.): Duden, Das Fremdwörterbuch, Mannheim 2000, S. 58.
[8] Siehe O. V.: Lexikon der Geographie,
   http://www.wissenschaft-online.de/abo/lexikon/geogr/191&show_price=nolinks, Stand 05.12.2004.
[9] Baer, Dieter (Red.): Duden, Das Fremdwörterbuch, Mannheim 2000, S. 58.
[10] Siehe O. V.: Lexikon der Geographie, Stand 05.12.2004.
[11] Ebd. Stand 05.12.2004.
[12] O. V.: Lexikon der Geographie, Stand 05.12.2004.

schaftlicher Produktion kritisch gegenüber."[13] Die Landwirtschaft heute ist vom Agrobusiness geprägt. Die Erstellung der meisten unserer Lebensmittel bzw. deren Rohstoffe werden mit Hilfe von chemischen Düngemitteln, Pestiziden und bei Tieren durch die Verabreichung von Medikamenten zu beschleunigen versucht. Ertrag- und Profitsteigerung stehen an erster Stelle. Besonders Agrobusiness in Verbindung mit grüner Gentechnik findet viele Skeptiker in der Produktion von landwirtschaftlichen Rohstoffen sowie in den nach gelagerten Stufen bis hin zum Endkonsumenten. Es kann heute noch nicht wirklich abgeschätzt werden welche Auswirkungen und Risiken die Gentechnik nicht nur auf die Landwirtschaft, sondern auf das ganze Ökosystem haben kann.[14]

2   Problemstellungen im Kontext von Agrobusiness

Die Landwirtschaft wird stark von außen beeinflusst. Zu einen bestimmt er Staat welche Rohstoffe in der Landwirtschaft produziert werden, andererseits der Verbraucher in dem was er nachfragt. Wie kann der Staat die Landwirtschaft und seine vor und nach gelagerten Stufen zum Anbau bzw. zur Zucht bestimmter Rohstoffe lenken? Welche Auswirkungen hat eine privatwirtschaftliche Beeinflussung der Landwirtschaft auf deren Rohstoffproduktion? Dies soll in dieser Ausarbeitung an einem Beispiel von Brasilien gezeigt werden.[15]

Der Bedarf an Nahrungsmitteln wächst stetig mit der zunehmenden Weltbevölkerung. Prognosen besagen, dass im Jahr 2050 über acht Millionen Menschen auf der Erde leben werden. Was kann die Gentechnik zur Ertragssteigerung in der Landwirtschaft beitragen?[16] Die Flächen für den Anbau von Lebensmitteln, Energie- und Rohstoffen schwinden mit jeder neu Bebauten oder nicht landwirtschaftlich genutzter Fläche. Eine große Herausforderung der Zukunft und eine Chance für die Etablierung Gentechnologie.[17]

„Ist die grüne Gentechnik geeignet, Hunger und Armut zu lindern? Sind dies Heilversprechen der Industrie, die nur dazu dienen, einer umstrittenen Technologie zum Durchbruch zu verhelfen?"[18] Welche anderen Einbußen bzw. Gewinne sind durch Einsatz dieser neuen Technologien zu erwarten? Und haben wirklich diejenigen, für die der Einsatz

---

[13] Siehe O. V.: Lexikon der Geographie, Stand 05.12.2004.
[14] Vgl. Cheryl, Long: IS agribusiness making food less nutritious?,
   http://www.findarticles.com/p/articles/mi_M1279/is_204/ai_n6129844/print, Stand 05.12.2004.
[15] Siehe Blumenschein, Markus: Deregulierung in der brasilianischen Sojawirtschaft – Innovation oder Stagnation, in: Geographische Rundschau, Heft 11(2004), S. 34-40.
[16] Bethge, Philip: Satt Durch Designerpflanzen, in: Der Spiegel, Ausgabe 38/2004, S. 180-182.
[17] Siehe Herrberg, Anne: In Slums wächst kein Salat,
   http://www.dw-world.de/dw/article/0,,1089940,00.html, Stand 28.12.04.
[18] Bethge, Philip: Satt Durch Designerpflanzen, S. 180.

der Gentechnologie hilfreich ist und vor allem diejenigen, für die durch die Forschung ein Nutzen generiert werden sollte, einen Zugang zur Anwendung der Technologie?

3 Ein Beispiel für Agrobusiness – die Sojawirtschaft in Brasilien

3.1 Die Subventionierte Exportwirtschaft

Der Ursprung der Sojabohne liegt in China. Sie eine Nutzpflanze und gehört zu den Schmetterlingsblütlern, die innerhalb von nur 100 Tagen in warmen Regionen wie Nord- und Südamerika, aber auch in Asien, wächst. Aufgrund des hohen Eiweißgehalts der Bohne, kann sie die menschliche Eiweißversorgung sicherstellen. Zum Beispiel liefern eine halbe Tasse Sojabohnen ungefähr so viel Eiweiß wie 150g eines Steaks.[19]

Mit dem Trend hin zum Agrobusiness wurden Sojaprodukte zu einem wichtigen Rohstoffbestandteil der internationalen Agrarwirtschaft. In Brasilien wurde ab 1964 mit dem Sojaanbau begonnen. Er war die Folge einer Wandlung hin zu einer exportorientierten Agrarindustrie und Modernisierung im Agrarsektor. Fast zeitgleich wurden die nationalen Düngemittel-, Treibstoff- und Pestizidindustrien und die Einrichtung eines nationalen Kreditwesens für Agrarwirtschaft aufgebaut. Agrarkredite, Subventionen und Begünstigungen wurden von dort aus für den Ausbau der Infrastruktur und als Unterstützung für Investitionen im Bereich der Erzeugung bis hin zum Absatz in der Landwirtschaft gewährt. Seit 1970 wurden nicht-traditionelle Agrarprodukte wie Soja staatlich für den Export gefördert. Bisher unerschlossene Regionen in Südbrasilien wurden mit der Pflanze in Berührung gebracht, was eine Bereicherung der Regionen darstellte und Bevölkerung und Wirtschaft Auftrieb gaben.

---

[19] Siehe Deutschle, Tom et al: Ursachen der Regenwaldzerstörung: Landwirtschaft, http://www.faszination-regenwald.de/info-center/zerstoerung/soja.htm, Stand 09.01.2005.

Abbildung 1: Bundesstaatenkarte von Brasilien[20]

Durch intensive Bewirtschaftung der Hochebenen der zentralbrasilianische Savanne (Cerrado) durch Siedler aus dem Süden und Süd-Osten des Landes, konnte seit 1970 eine modernisierte und exportorientierte Landbewirtschaftung erreicht werden. „Gerade die Sojamonokultur (seit 1980) fördert diese Entwicklung und ließ den mittleren Westen"[21], zu dem Mato Grosse, Mato Grosso do Sul, Goiás, Bundesdistrikt Brasília gezählt werden, „zu einer der wichtigen Regionen der globalen Agrarwirtschaft aufsteigen, angeführt durch Mato Grosso mit 27,8% der brasilianischen Sojaproduktion".[22] Weiter sind ab dem Zeitpunkt Agroindustrien verstärkt gefördert worden. Zum Beispiel Aufkauf von Transport- und Lagerkapazitäten, Sojamühlen und -raffinerien, usw.. Dies war wichtig um den Export der Anbauprodukte überhaupt voranzubringen.

Ein vorübergehender Erfolg stellte sich durch eine Anhebung des Säuregehalts der Böden und Einsatz von mineralischen Düngemitteln auf den sauren und nährstoffarmen

---

[20] Quelle: http://www.brasilien.de/karte.htm.
[21] Blumenschein, Markus: Deregulierung in der brasilianischen Sojawirtschaft, S. 34.
[22] Ebd. S. 34.

Böden ein. Gleichzeitig wurden zu Beginn der 1980er Jahre leistungsstarke Sorten in Monokulturen angebaut. Die weltweite Nachfrage nach Sojaprodukten bestärkte die Landwirtschaft darin, die Anbauflächen in Sojamonokulturen noch mehr auszuweiten und noch mehr in die moderne Technik der Landwirtschaft zu investieren. Die moderne Landwirtschaft in Zentralbrasilien war durch einen hohen Fremdkapitalbedarf gekennzeichnet. Über die vergebenen Kredite, gemäß der Vorgaben des nationalen Agrarberatungssystems EMBRATER, war es dem Staat auch möglich wesentlichen Einfluss zu nehmen.

Langfristig konnte eine Subvention der Sojawirtschaft nicht aufrechterhalten werden und endete 1982 in einer Schuldenkrise. Staatliche Subventionen und auch bis dahin subventionierte getragene Entwicklungsprogramme, die seit 1970 bestanden, wurden eingestellt. „An Stelle dessen trat allein die japanisch-brasilianische Kooperation zur Entwicklung der Cerrados PROCEDER, mit räumlich begrenzten Programmregionen u. a. im Mittleren Westen."[23] Subventionierte Kredite sind durch eine Mindestpreispolitik mit einer Anhebung staatlicher Preisgarantien für Soja, Reis und Mais substituiert worden. Das belebte vor allem die Wirtschaft im Mittleren Westen, da die Preise für die küstennahe und marktferne Regionen nun auf gleichem Niveau basierten. Zwischen 1985-1987 wurde der Gipfel der staatlich garantierten Abnahmemenge für Soja erreicht. Die Landwirtschaft war indirekt immer noch von der staatlichen Regulierung abhängig. „Der Sojaanbau stützte sich weiterhin maßgeblich auf staatlich gesteuerte, risikoabfedernde Institutionen, darunter die staatliche Lagerhaltung, eine offizielles Agrarforschungs- und Agrarberatungssystem sowie staatliche Infrastruktur- und Kreditprogramme."[24]

3.2   Der Übergang zu einer privatwirtschaftlich gesteuerten Landwirtschaft

Ab 1990 fand schließlich eine Deregulierung und eine Öffnung der Wirtschaft nach außen[25] statt. Privatisierungen in der Lagerhaltung, Düngemittelindustrie, etc. und durch Neuordnung der staatlichen Behörden sowie dem Abbau von Handelsschranken war die Folge. Der staatliche Einfluss war fortan geringer und der Abbau staatlicher Agrarkredite und Preisgarantien trug stark zum Wandel im Sojaanbau bei. Agroindustrielle Großfirmen ersetzten die bisher üblichen Agrarkredite durch Vorfinanzierung, was vornehmlich durch Terminkontrakte erfolgte. Das Resultat davon war eine Änderung im Bereich

---

[23] Blumenschein, Markus: Deregulierung in der brasilianischen Sojawirtschaft, S. 35.
[24] Ebd. S. 35.
[25] Siehe Ebd. S. 35.

der Agrarforschung und -beratung: „Da ein Großteil der Vorfinanzierung über die Bereitstellung von Betriebsmitteln (Saatgut, Kunstdünger, Pestizide, Kalk) ausgeschüttet wurde, nahm die private Agroindustrie zunehmend Einfluss auf die Betriebsmittelwahl und die Entwicklung der Agrarforschung."[26] Eine privatwirtschaftlich gesteuerte Landwirtschaft statt einer staatliche gesteuerten bahnte sich an. Besonders der Sojaanbau ist somit den Schwankungen von Weltmarktpreisen und der Verfügbarkeit von teurem, ausländischem Fremdkapital ausgeliefert gewesen. Hohe fixe Kosten, geringe Gewinne bei kleineren Anbaumengen bedeuteten für viele Sojabauern 1995 bis 1997 den Bankrott, genau wie der nationalen Sojaindustrie, die sich seit den 1970ern aufgebaut hatte. Besonders betroffen waren vor allem all jene Regionen, die früher die hohen staatlichen Zuschüsse zugeteilt bekamen, wie die zentralbrasilianischen Cerrados, die sich überdurchschnittlich auf den Sojasektor spezialisiert hatten und „wo bereits 1991 43,7% des Soja Brasiliens produziert wurde"[27]. Die Veränderungen in der Agrarwirtschaft drängte die Landwirte dazu sich den neuen Umweltgegebenheiten anzupassen, was durch den gegebenen hohen Spezialisierungsgrad im Bereich der Sojamonokulturen nicht leicht war. Die gesamte Region und deren Institutionen waren geschwächt. „Diese Institutionen, zu denen unter anderem die staatlichen Kreditbanken, die nationale Sojaagroindustrie sowie die konventionelle Agrarberatung gehören, waren nur bedingt wandlungsfähig."

Neuer Antrieb in dieser Umwandlungsphase ging besonders von privaten Forschungsstiftungen, die sich aus Zusammenschlüssen von Interessengruppen, „die sich im wesentlichen aus Fazendeiros[28], Agrarforschenden, Betriebsmittelhändlern und Herstellern von Basissaatgut zusammensetzten"[29]. Ihre Aufgabe war es vor allem neue Vermarktungs- und Finanzierungssysteme aufzubauen, wie bspw. die Ansiedlung neuer Agroindustrien neben Soja wie Geflügelzucht oder Baumwollanbau, um vielseitig auch die Schwankungen des Marktes reagieren zu können. Zudem die Entwicklung und Vermittlung regional angepassten Landnutzungsformen. Umweltprobleme die die langjährige Sojamonokultur mit sich gebracht hatte, zu lösen und zurück zum ökologischeren Landbau zu führen. Weiteres Ziel war es eine Synergie und Wissensvernetzung zwischen Forschung und Praxis einführen.

---

[26] Blumenschein, Markus: Deregulierung in der brasilianischen Sojawirtschaft S. 35.
[27] Ebd. S. 36.
[28] Farmer, Pächter, Plantagenbesitzer.
[29] Blumenschein, Markus: Deregulierung in der brasilianischen Sojawirtschaft, S. 37.

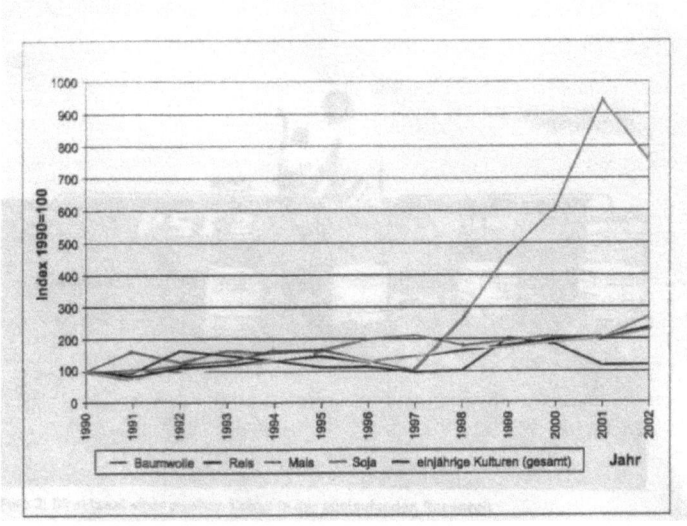

Abbildung 2: Anbauflächen wichtiger einjähriger Kulturen 1990-2002 von Mato Grosso [30]

Die Forschungsstiftung begann mit der staatlichen Agrarforschung in Verbindung mit der multinationalen agrarchemischen Industrie zu kooperieren. In dieser Form war es einfacher Wissen zu testen und bei Erfolg in einzelnen Versuchen umzusetzen. Es war dem Team wichtig regional zugeschnittene Lösungen zu entwickeln und eine Selbstverantwortung und -organisation unter den Beteiligten zu erzeugen. Eine Forschungsstiftung wie die „Fundação MT umfasst beispielsweise gegenwärtig drei Polregionen in Mato Grosso mit mehr als 70 angeschlossenen Betrieben für Feldversuche und Demonstrationszwecke"[31]. Den Forschern gelang es „agrarökologisch angepasste Anbaumethoden (Direktsaat, Anbaurotation, etc.) sowie eine Vielzahl robusten und produktiven Saatguts (Baumwolle, Soja, etc.)"[32], langfristig und erfolgreich einzuführen. Sie sind heute weit verbreitet und marktorientierte Qualitätsprogramme wurden zum Standard in der modernen Agrarproduktion. Zudem bildeten sich andere Einrichtungen, die eine alternative Landbewirtschaftungsform und dazu benötigte Maschinen, von der Agroindustrie unabhängige Lagerung und Vermarktung unterstützten. Zum Beispiel regionale Absatzgemeinschaften wie gemeinschaftliche Geschäftshäuser in den Städten. Dort angesiedelte Agrarberater, Betriebsmittelhändler, Bauern und Börsenmaklern pla-

---

[30] Quelle: Geographische Rundschau, Heft 11(2004), S. 38.

[31] Blumenschein, Markus: Deregulierung in der brasilianischen Sojawirtschaft, S. 37.

[32] Ebd. S. 37.

nen in Verbindung mit der Marktbeobachtung eine flexible Landnutzung, „eine Umsetzung auf betrieblicher Ebene (Betriebsmittelkauf, etc.)"[33] und zudem die Vermarktung für eine Gemeinschaft von Landwirten. Die neuen Institutionen wollen alle gemein regionalwirtschaftliche Diversifizierung, neuen Anforderungen gegenüber flexibel sein und gleichzeitig eine Risikominimierung für die Bauern generieren. Sie agieren sektorübergreifend, d.h. sie sind nicht mehr nur alleine auf das Kerngeschäft konzentriert.

Eine Veränderung der großbetrieblichen Landnutzung und eine Vertikalisierung der Agrarproduktion hat in den Regionen um Mato Grosso statt gefunden. „Auf den ersten Blick erscheint diese Entwicklung paradox zu der Ausdehnung des Sojaanbaus im Norden von Mato Grossos und den Sojarekordernten in den vergangenen Jahren"[34]. Besonders die Direktsaateinführung wurde zur Schlüsselinnovation. „Direktsaat ist ein integrierter Ansatz für das nachhaltige Management von Land und Bodenressourcen, wobei auf die Bodenbearbeitung ganz verzichtet wird und eine permanente Mulchschicht den Boden schützt."[35] Gründe warum Landwirte auf solch ein System umstellen sind weniger Arbeit, mit mehr Geld, Erosionsschutz bei erhöhter Lebensqualität.[36] Zur Einführung der Direktsaat wurde auch der landwirtschaftliche Anbau ausgedehnt. Probleme der Monokultur konnten durch eine Anbaurotation, Direktsaat behoben und bei ein gleichzeitiger Anstieg der Produktivität der Pflanzen erreicht werden. Wie in Abbildung 2 zu sehen ist, ist seit 1997 ein starker Anstieg in den Anbauflächen von Sojabohnen und insgesamt ein Anstieg bei den anderen Kulturen zu erkennen. Dieser Anstieg ist vor allem durch die neuen Finanzierungsmethoden und die gestiegene Attraktivität des Exports aufgrund der Abwertung der brasilianische Währung zu erklären. Eine allgemeine Sojaspezialisierung in den Regionen hat sich verringert und alternative Kulturen wie Mais oder Baumwolle werden angepflanzt. Weiterverarbeitende Industrien haben sich in der Mato Grosso angesiedelt. Nicht nur wegen der räumlichen Nähe, sondern weil die Produkte in dieser Region preisgünstiger sind als in Süd- oder Südostbrasilien.

In der Geflügelzucht und Rinderzucht vollzogen sich ebenfalls große Veränderungen in der Aufzucht, Transport, Weiterverarbeitung und in der Vermarktung, die sich weiter ausbreitete und sich zum Export eignete. Auf diesen Bereich soll hier nun jedoch nicht näher eingegangen werden.

---

[33] Blumenschein, Markus: Deregulierung in der brasilianischen Sojawirtschaft, S. 38.
[34] Siehe Ebd. S. 38.
[35] Ebd. S. 38.
[36] Siehe Derpsch, Rolf et al: Direktsaat, http://www.rolf-derpsch.com/direktsaat.htm#1, Stand 15.01.2005.

„Die Baumwollflächen von Mato Grosso reicht heute an die von Mais und Reis heran und steht mit 43% Gesamtanbaufläche Brasiliens an erster Stelle vor allen anderen Bundesstaaten."[37] Mais, Reis und Baumwolle haben in Mato Grosso eine Fläche von 26,4% der Anbaufläche inne. Vergleichweise hat Soja eine Anbaufläche von 67,8% und die restlichen einjährigen Kulturen 5,8%. Weitere Diversifizierung von Sojalandwirten vollzog sich stellenweise durch Gemüse- und Obstanbau, in der Fischzucht oder der Anbaurotation mit Bohnen im Bewässerungsfeldbau. Der Absatz dieser Erzeugnisse begrenzte sich weitestgehend auf Mato Grosso, da der Output einfach zu gering war. „Es bildete sich somit kein Gürtel von sog. *High value foods* heraus."[38] Die weitere Diversifizierung der Betriebe durch die Anwendung und Aneignen von Wissen über verschiedene Landnutzungs- und Bewirtschaftungsformen sollen künftig weiter ausgebaut werden. Die Unternehmen investieren in die Qualifikation ihrer Mitarbeiter, die sich „überdurchschnittlich an regionalen Diskussionsforen beteiligten". „Als Beispiel ist hier ein Familienbetrieb zu nennen, der heute auf zwei Fazenden im Munizip Sapezal biologischen Landbau betreibt. Er umfasst Ackerbau integrierte, semin-intensive Viehzucht sowie den zertifizierten Anbau von Bio-Sojabohnen auf 4300ha (2003), frei von gentechnisch verändertem Saatgut."[39] Die Lagerhaltung, Verarbeitung,Verpackung und der Export mussten erst aufgebaut werden. Auch das Saatgut stammt aus eigener Herstellung.

Am Beispiel der Sojawirtschaft von Mato Grosso ist zu erkennen, dass eine Landwirtschaft mit Monokultur und Weltmarktabhängigkeit verwundbar ist. Die Deregulierung im Agrarsektor half vor allem den Agrarunternehmen sich neues Wissen anzueignen und ihre Produktionssysteme flexibler zu gestalten um auf die Marktanforderungen bzw. sich auf neue Umweltbedingungen besser anzupassen. Die Sojabohne ist in Mato Grosso noch immer das meist angebaute Produkt. Allerdings gewinnnen Baumwolle und der mit Viehwirtschaft integrierte Ackerbau mehr an Größe. Auch zukünftig werden hier Anpassungen an die Markt- und Nutzungsgegebenheiten sich durchsetzen und neue Bewirtschaftungsmethoden werden sich etbalieren können.[40]

---

[37] Blumenschein, Markus: Deregulierung in der brasilianischen Sojawirtschaft, S. 39.
[38] Ebd. S. 40.
[39] Ebd. S.40.
[40] Siehe Ebd. S. 34-40.

4 Agrobusiness in Verbindung mit der Gentechnik

4.1 Die Grüne Gentechnik

Bei der Gentechnologie werden gezielte Eingriffe im Erbgut und/oder in die bio-chemischen Steuerungsvorgänge von Pflanzen vorgenommen. Sie wird allgemein als „Grüne Gentechnik" bezeichnet. Mit der Gentechnik können neue Qualitätsziele in der Landwirtschaft und in den vor und nach gelagerten Stufen gesteckt werden, die mit der konventionellen Züchtung nicht oder nur begrenzt realisierbar sind:

- Veränderte Zusammensetzung von Inhaltsstoffen wie Kohlenhydrate, Fette oder Proteine (Eiweiße),

- Anreicherung von Vitaminen oder sekundären Pflanzenstoffen mit gesundheitsfördernder Wirkung,

- Verminderung oder Eliminierung von unerwünschten Stoffen, etwa Allergene Substanzen, aber auch Nikotin im Tabak oder Koffein in Kaffee oder Tee,

- Eingriffe in die Entwicklung von Pflanzenorganen, etwas eine verzögerte Reifung,

- Eine andere Strategie nutzt die Pflanzen als Bioreaktoren. Durch neue Gene oder Veränderungen der Stoffwechselwege sollen Pflanzen hochwertige Wirkstoffe produzieren: etwa Arzneimittel oder Antikörper für Diagnose und Therapie von Krebserkrankungen, aber auch Rohstoffe für Waschmittelenzyme oder Bio-Kunststoffe." [41]

Ein Beispiel anhand einer Sojapflanze, die von dem Unternehmen Monsanto entwickelt wurde: die „Roundup-Ready"-Sojapflanze. Diese Sojapflanze weißt eine Resistenz ge-genüber dem Pflanzengift Glyphosat auf. Glyphosat wird von der Firma Monsanto unter dem Handelsnamen „Roundup" vertrieben. Die Unternehmung verspricht, dass nun nur noch Glyphosat im erfolgreichen Kampf gegen Unkraut angewendet werden muss um unerwünschtes Unkraut zu bekämpfen. Die Sojapflanze wird dadurch nicht geschädigt. Der Pflanze wurde zuvor ein zusätzliches Gen zugeführt, welches bewirkt, dass zu den vorhandenen 5.000 Eiweißen ein neues produziert wird, wodurch die Pflanze die Che-miedusche überstehen kann.[42] Argentinien war 1996 eines der ersten Länder mit Gen-tech-Pflanzen auf den Feldern. Bis heute werden nahezu die Hälfte bzw. 13 Millionen Hektar der landwirtschaftlich genutzten Flächen mit Roundup-Ready bepflanzt. Um die

---

[41] O. V.: GVO-Pflanzen – die nächste Generation,
http://www.transgen.de/Anwendung/Pflanzen/output/nutzen.html, Stand 28.12.04.
[42] Vgl. Stamof, Olaf: Das neue Schlaraffenland, in: Der Spiegel – Spiegel Online, Ausgabe 15/1997.

„fünf Milliarden US-Dollar Gewinn soll der Export der Ernte den Soja-Bauern beschert haben"[43]. Doch schon länger müssen die Landwirte auch wieder andere Pflanzengifte auf ihren Feldern ausbringen, da sich glyphosat-resistente Pflanzen verstärkt ausbreiteten. Zudem zerstören die Monokulturen die bäuerlichen Strukturen und verdrängen traditionelle Getreidearten und Produktionsmethoden, die langfristig verloren gehen würden. Hinzu kommt weiter, dass auch andere Länder inzwischen auch auf einem Großteil ihrer Flächen Soja anbauen. Die Konkurrenz unter den Sojaerzeugern wächst. 160.000 Kleinbauern mussten schon in die Städte flüchten.[44]

4.2 Nutzen von genmanipulierten Pflanzen

Wissenschaftler sind heute in der Lage durch gentechnische Veränderungen von Pflanzen nicht nur deren Ertrag oder die Widerstandsfähigkeit zu steigern, sondern auch eine „bessere Nahrung" in Form von einem veränderten Nährstoffgehalt oder in Form von Vitaminzusätzen zu generieren. Wissenschaftler für extraterrestrische Ernährung also Wissenschaftler, die Ernährung von Astronauten entwickeln, wollen Pflanzen züchten, „die nicht nur herzhaft im Biss sind, sondern auch reich an Stoffen gegen Krebs, Herzinfarkt und schlecht Laune sind. Vor allem sollen sie genügsam und im Wuchs effizient sein"[45], da es zukünftig bspw. auf dem Weg zum Mars als Nahrungsmittel dienen muss. Genauso sind die Lebensräume und -bedingungen auf der Erde je nach Region, Nährstoffgehalt der Böden und Klimagegebenheiten unterschiedlich für die Nahrungsmittelproduktion und die dadurch zu erzielende Ernährungssicherheit in gewissem Maße begrenzt. Viele essen zu viel und zu ungesund, andere müssen hungern, da die Böden trocken und nährstoffarm sind. Es wird deutlich, dass neu gezüchtete widerstandfähigere, anspruchslosere Pflanzen oder Pflanzen mit neuen Wirkstoffen für die einzelnen Gruppen eine Lösung sein können.

4.2.1 Gentechnologieeinsatz am Beispiel des Reisanbau

Reis liefert ca. ein Fünftel der Nahrungsenergie weltweit und gilt als das „Brot Asiens". Reis ist ein mehrjähriges Rispengras. In Kultur kann es jedoch je nach Sorte schon nach drei bis neun Monaten Erntereif sein. Er wächst in feuchten tropischen Regionen. Eine Temperatur von 25-30°C und eine gute Wasserversorgung müssen gegeben sein damit

---

[43] Bethge, Philip: Satt durch Designer-Pflanzen?, in: Der Spiegel, Ausgabe 38/2004, S. 180.
[44] Siehe Ebd. S. 180-182.
[45] Stitt, Markus: Überbevölkerung verlangt grüne Gentechnik,
http://www.pnn.de/Pubs/campus/pageviewer.asp?TextID=12203, Stand 11.12.2004

eines der wichtigsten Getreide überhaupt gedeiht. „Angesichts der grundlegenden Be-
deutung für die Ernährung von derzeit 2,5 Mrd. Menschen gelten für Reis Züchtungszie-
le, die Resistenzen gegen Schadorganismen und temporäre Trockenheit erhöhen, relati-
ven Mangel an Vitaminen beheben und den Einsatz von Ammoniumdünger im Sinne
nachhaltiger Landbewirtschaftung reduzieren.“[46] „Reis wird in sehr unterschiedlichen
Formen angebaut. Aus den Medien sind uns die terrassierten Reisfelder am bekanntes-
ten. Sie machen jedoch nur 10% des Anbaus aus.“[47] Die verschiedenen Reissorten benö-
tigen unterschiedliche Zeiten vom Keimen und bis zur Ernte. Eine Sorte braucht gerade
mal 80 Tage, wohingegen eine andere bis zur Erntereife neun Monate braucht. „Nassreis
stellt mit ca. 75% der weltweiten Produktion die häufigste Anbauform dar. Die Körner
werden in die wasserbedeckten Terrassenfelder gestreut, meist aber als aufgezogene
Jungpflanzen von Hand in Saatflächen gesetzt.“[48] Drei Wochen vor der Ernte wird das
Wasser ausgelassen. Die Reishalme werden noch geschnitten so lange sie grün sind,
denn danach treiben die Pflanzen in Verbindung mit genügend Wärme und Feuchtigkeit
wieder aus. Dies führt in manchen Regionen bei der nächsten Ernte zu einem höheren
Ertrag pro Hektar.[49]

Als großes Problem beim Reisanbau wird vor allem der hohe Wasserverbrauch gesehen.
Um ein Kilogramm Reis zu erzeugen braucht man 5.000 Liter Wasser. Der Grundwas-
serspiegel in der Region von Peking sank durch den Reisanbaue im Umland um bis zu
drei Metern. Aus diesem Grund hat die Regierung den Anbau von Reis in einem Um-
kreis von 40 Tausend Hektar um die Hauptstadt verboten. Experten vermuten, dass in
ca. 20 Jahren auf einem Viertel der Anbauflächen der Reis nicht mehr so angebaut werden kann bzw. dass diese Wassermengen zur Produktion nicht mehr gegeben sein werden. Brasilianische und chinesische Wissenschaftler entwickelten eine Reissorte für
wasserärmeren Anbau. Sie verbraucht vergleichsweise um die Hälfte Wasser, jedoch
sank auch der Ertrag um ein Viertel. Deutsche Wissenschaftler entwickelten hingegen
eine Anbaumethode, bei der die Felder mit Mulch und Plastikplanen zugedeckt werden.
Auf diese Weise können bis zu 60% Wasser eingespart werden. „Ertragssteigerungen

---

[46] Willenbrink, Johannes: Reisanbau in Südostasien – Geschichte, Züchtung, Erträge, in: Geographische
   Rundschau 55 (2003) Heft1, S. 26.
[47] O. V. : Lebensmittel Reis,
   http://images.google.de/imgres?imgurl=http://www.welt-markt-siegburg.de/unser_Angebot/
   Lebensmittel/Reis/Reisanbau/Reisfeld-2.jpg&imgrefurl=http://www.welt-markt-siegburg.de/unser_Ang
   ebot/Lebensmittel/Reis/Reisanbau/body_reisanbau.html&h=191&w=293&sz=45&tbnid=i-SRteit58AJ:
   &tbh=72&tbnw=110&start=1&prev=/images%3Fq%3DReis.Reisanbau%26hl%3Dde%26lr%3D,
   Stand 11.12.2004.
[48] Willenbrink, Johannes: Reisanbau in Südostasien, S. 27.
[49] Siehe Willenbrink, Johannes: Reisanbau in Südostasien, S. 26-31.

können durch den Hochleistungs-Hybridreis erzielt werden"[50], wie bspw. bei dem Anbau auf den Philippinen, wo dadurch eine 20%ige Steigerung erzielt wurden. Durch die Verwendung des Hybrid-Reises sind die Bauern jedoch darauf angewiesen neues Saatgut zu kaufen. Dies hat auch Auswirkungen auf die Vielfalt der Reissorten. Früher gab es um die 3.000 Sorten. Heute gerade Mal noch eine Hand voll verschiedener Sorten. Die Folge der Sortenreduktion sind auch ein vermehrter Schädlings-, Pilz- und Unkrautbefall mit dem der Einsatz von chemischen Bekämpfungsmittel wächst.

4.2.2   Goldener Reis – ein umstrittenes Projekt

Die Gentechnik versucht eine Reispflanze zu entwickeln, die „resistent gegen Pflanzenschutzmittel, Schädlinge, Salz, Dürre oder Kälte und beta-Carotin sowie Eisen bildende Gene enthalten." [51] Der so genannte „Goldene Reis" soll mangelernährte Menschen besser mit diesen Nährstoffen versorgen. Der Goldene Reis entsteht durch einen gentechnischen Eingriff, der dessen Samen mit Beta-Karotin ausstattet. Für gewöhnlich ist dieses nicht in einer herkömmlichen Reissorte zu finden.[52] „Diese Vorstufe des Vitamin A verleiht den Körnern ihren namensgebenden Goldton. Neben Eisen und Jod ist das Vitamin einer der Vitalstoffe, deren Mangel in armen Ländern am häufigsten zu ernsten Gesundheitsschäden oder gar Tod führt."[53] Der Goldene Reis wird als Hoffnungsträger in der Bekämpfung von Vitamin-A-Mangelerkrankungen gesehen, „die jährlich bis zu einer halben Millionen Kinder erblinden lassen".[54] Allerdings ist bisher unsicher, dass mit dem Einsatz dieses Reises wirklich eine Mangelernährung von Vitamin A vorgebeugt werden kann, da Vitamin A vom Körper u. a. nur in Verbindung mit Fett aufgenommen werden kann. Der Fettanteil in der Nahrung ist jedoch bei den mangelernährten Leuten sehr gering bzw. zu gering, als dass dieser Reis mit einer Vitamin A Vorstufe den Mangel wirklich beseitigen helfen könnte.

Jedoch, selbst wenn diese Reissorte das Problem der Mineralstoff- und Vitaminunterversorgung reduzieren helfen könnte, ist immer noch die finanzielle Frage ungeklärt. Durch die Verwendung des Hybrid-Reises oder anderen Züchtungen sind die Bauern darauf angewiesen neues Saatgut zu kaufen. Dies kann und führt die Landwirte zwangsläufig in den Teufelskreis der Abhängigkeit. Für bestimmte Hybridsorte bzw. um hohe

---

[50] O.V.: Reis – Sattmacher oder Menschheit – wie lange noch?,
    www.vistaverde.de/news/Wissenschaft/0410/13_reis.php, Stand 11.12.2004.
[51] Ebd. Stand 11.12.2004.
[52] Siehe Bethge, Philip: Satt durch Designer-Pflanzen?, in: Der Spiegel, Ausgabe 38/2004, S. 182.
[53] Englert, Hermann: Risiko oder Rettung, in: Wissenschaft-Online, Ausgabe 10/2001, S. 56.
[54] Siehe Bethge, Philip: Satt durch Designer-Pflanzen? S. 182.

Erträge zu erzielen werden viel Dünger und Pestizide gebraucht. Für das Aussäen von genmanipulierter Saaten müsste Lizenzgebühr bezahlt und das Saatgut jährlich gekauft werden. Irgendwann werden die Agroindustrien durch die Entwicklung weg vom biologischen ursprünglichen Reisanbau die „Herrschaft" über diese Bauer erlangen. Sie werden abhängig von den Agrarindustrien und die Selbsternährung der Landwirte ist dadurch gefährdet. So lange die Agrarunternehmen und die Forscher diese neuen Technologieanwendungen für den kleinen Bauern nicht frei zugänglich machen, wird dieser durch die Anwendung in der Abhängigkeit landen. Vielleicht müssten viele ihre Landwirtschaft aufgeben und in die Städte abwandern. Die monetäre Gewinnorientierung der Agrarunternehmen würde somit nicht die Armut bekämpfen und den Leuten, wie propagiert, langfristig helfen, sondern die Leute eher noch in eine Armutsfalle locken.[55]

4.3 Entwicklungen der Anbauflächen und Produktionserträge durch die Anwendung der Gentechnik in der Landwirtschaft

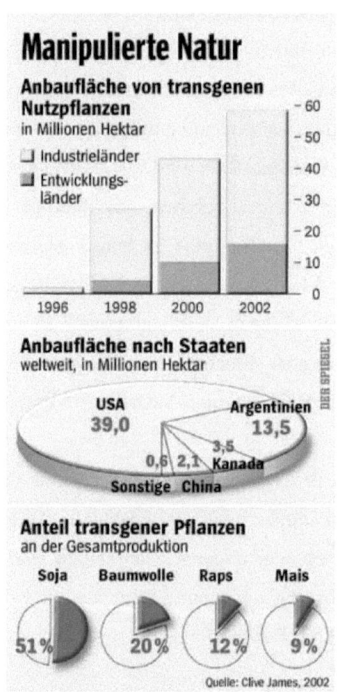

Die Abbildung 3 gibt einen Überblick über die Flächen, die 2002 mit manipuliertem Saatgut bewirtschaftet wurde. Gleichzeit wird deutlich, dass gerade bei Soja schon im Jahr 2002 über die Hälfte des Anbaus aus genmanipulierter Saat gewachsen sind.

Eine Steigerung um ca. 18 Prozent des Nahrungsmitteloutputs kann seit den sechziger Jahren durch den Einsatz der grünen Gentechnik nachgewiesen werden. Dabei wird verstärkt auf einen Dünge- und Schädlingsbekämpfungsmitteleinsatz, ertragreicheres Saatgut und einer verbesserte, moderne Technik in der Landwirtschaft eingesetzt. „Die Nahrungsspeicher füllen sich in Asien, vor allem in Indien und China. Allerdings: „Die afrikanischen Staaten südlich der Sahara sind von der positiven Entwicklung weitgehend abgekoppelt".[56]

Abbildung 3: Anbauflächen von transgenen Pflanzen[57]

---

[55] Siehe Bethge, Philip: Satt durch Designer-Pflanzen?, S. 180-182.
[56] Ebd. Stand 11.12.2004
[57] Quelle: Bethge, Philip: Satt durch Designer Pflanzen?, S. 181.

Unterernährte sterben meist nicht an Hunger, sondern oft an Krankheiten, die aus der Mangelernährung resultieren. Nicht Kriege und Korruption können Völker in die Hungersnot treiben, sondern auch ein instabiles Klima kann jederzeit zur Mangelernährung führen. „Seit 1945 hat urbares Land von der Größe Lateinamerikas an Fruchtbarkeit deutlich verloren. Jedes Jahr schrumpft die Ackerfläche um weitere fünf bis sieben Millionen Hektar."[58] Durch Brandrodung werden neue Ackerflächen hinzugewonnen. Diese sind aber zumeist für den Futtermittelanbau zum Mästen von Rindern, Schweinen und Hühnern vorbestimmt. Um ein Kilogramm Nahrung für den Menschen zu erzeugen, muss ein Tier näherungsweise 20 Kilogramm Futter zu sich nehmen. Der Mensch beraubt sich selbst seiner Lebensgrundlage. „Jedes einzelne der über 1,3 Milliarden Rinder auf der Erde verfrisst so viel Energie wie ein Mittelklasseauto."[59] Aus der Handelsbilanz von Brasilien, weltweit größter Exporteur von Agrarprodukten, wird ersichtlich, dass zu Gunsten einer größeren Produktion und der Ausfuhr von Sojabohnen, die Reisproduktion für die Bevölkerung in den Neunzigern um 18 Prozent gefallen ist.

Zur Lösung des Welternährungsproblems scheint die Gentechnik eine gute Lösung zu haben. Wissenschaftler wollen Turbopflanzen züchten. „Dem Reis verpassen sie neue Gene für eine verbesserte Fotosynthese. Mais soll sich mit einem eingebauten Gen gegen Schädlinge wehren. Tomaten würden salzresistent und könnten mit Meerwasser gedeihen."[60] Die global operierenden Nahrungsmittelkonzerne versprechen sich dadurch eine Versorgungsverbesserung in den Entwicklungsländern. Entwicklungshelfer sind demgegenüber sehr misstrauisch. „Die Firmen lassen sich Gentech-Züchtungen patentieren und treiben die Saatgutpreise in die Höhe. Künftig wollen sie ihre Pflanzen mit einem so genannten Terminator-Gen sterilisieren. Die Frucht kann danach nicht wieder ausgesät werden."[61]

Die Anzahl der Hungernden könnte sich nach Meinung von Professor Mark Stitt, einem Forscher am Max-Planck Institut, durch die grüne Gentechnik aber auch erhöhen, wenn Genpflanzen traditionelle Sorten ersetzen. Das Überleben von manch einem Bauern in den Entwicklungsländern ist davon abhängig, dass das eigene Saatgut weiter verwendet werden darf. Die Bio-Tech-Unternehmen sind allerdings an Gewinnen interessiert und wollen den Bauern auch in armen Ländern als Konsumenten. Monsanto wollte daher mit

---

[58] Stitt, Markus: Überbevölkerung verlangt grüne Gentechnik, Stand 11.12.2004.
[59] Ebd. Stand 11.12.2004.
[60] Ebd. Stand 11.12.2004.
[61] Ebd. Stand 11.12.2004.

dem Terminator-Gen in den Saatkörnern sicherstellen, dass die Bauern jedes Jahr erneut Saatgut kaufen müssen, statt von der Ernte welche für die Folgesaat zurückzulegen. Die Anwendung des Terminator-Gens im Saatgut würde für die Bauern der Dritten Welt eine große Umstellung bedeuten, durch die sie „in das große Agrobusiness getrieben" würden.[62]

Die lokale Entwicklung der Länder darf nicht von der Profitgier internationaler Unternehmen leiden. „Diese Entwicklung ist bereits im Gang, etwa China nutzte anfangs mehrheitlich US-Baumwollsamen, in den letzten zwei Jahren wurden hauptsächlich in China produzierte Samen angebaut. Auch beim transgenen Reis wird es so kommen."[63] Durch den vermehrten Aufbau von Biotech-Industrien und eigene Entwicklung in Asien wird dies möglich. Die Wissenschaft ist sich im Klaren, dass die Produkte frei verfügbar sein müssen, damit sie denen für die deren Entwicklung bestimmt war, auch nutzen können.[64] „Eine global operierende Industrie versucht mit allen Mittel, die Welt von ihren gentechnisch veränderten Pflanzen abhängig zu machen."[65] Wer einmal seine traditionelle Bewirtschaftung und das traditionelle Saatgut aufgegeben hat, ist künftig immer auf die kommerziellen angewiesen. Diese sind aufgrund der hohen Lizenzgebühren sehr teuer, jedoch bieten einige zunächst ihre Technologie kostenlos an. Die Bedürfnisse der Menschen werden erforscht. Durch den Zugang oder durch eine Bereitstellung der Technologie wird dann zu helfen versucht. Das Unternehmen Monsanto sagt über derartige „Hilfsprojekte" auch, dass Teilen langfristig im Firmeninteresse liegt, denn diese Bauern könnten in der Zukunft zufriedene Kunden werden. Die Not von Millionen wird hier eingesetzt um die Akzeptanz der Gentechnologie zu steigern. Diese Hochtechnologie ist zudem für den kleinen Bauern relativ uninteressant, da sie für ihn nicht erschwinglich ist. Sie führt für ihn eher in die Abhängigkeit statt weg davon.[66]

4.4 Genmanipulierte Nahrungsmittel für alle

Schon ca. 75 Prozent aller Lebensmittel in Deutschland stammen nicht mehr direkt vom Bauern. Bevor sie einen Konsumenten erreichen durchlaufen sie erst industrielle Veredelungsprozesse wie bspw. ein Prozess, der die Lebensmittel länger frisch hält oder sie in Form von Fertiggerichten auf den Teller der Verbraucher wandern lässt. Weiter werden zum veredeln künstliche Vanillegeschmacksrichtungen aus Sulfit-Ablaugen der

---

[62] Siehe Hamann, Götz et al: High-Tech für die Dörfer, in : Die Zeit, 12.07.2001, S. 4.
[63] Stitt, Markus: Überbevölkerung verlangt grüne Gentechnik, Stand 11.12.2004.
[64] Vgl. Ebd. Stand 11.12.2004.
[65] Bethge, Philip: Satt durch Designer-Pflanzen?, S. 181.
[66] Vgl. Ebd. S.180-182.

Papierindustrie gewonnen. Oder mit den Rückständen aus industrieller Rauchgasreinigung, wie sie bspw. bei Kohlekraftwerken stattfindet, werden Würste geräuchert. Auch der Duft, den eine Bäckerei durch ihre ofenfrischen Backwaren verströmen lässt, verdanken wir Cystein. Cystein ist ein Produkt, welches aus chinesischen Menschenhaaren extrahiert wird. Ein Wachtsum im Bereich des Hightech-Food wird durch mehr Gemeinschaftsarbeit von Agrarproduktion, Lebensmittel- und Pharamindustrie erreicht. In der Zukunft und in den Anfängen auch schon heute, soll dem Verbraucher eine Mischung aus Medikament und Lebensmittel, so genannte Nutraceuticals, angeboten werden. Dieses „Pharma-Food" der Zukunft, wie es u. a. der weltweit größte Lebensmittelkonzern Nestlé in seinen Labors entwickelt, soll Zivilisationskrankheiten entgegenwirken. Zum einen soll es „Joghurts gegen Dickdarm, Schokoriegel gegen Osteoporose und Eiscreme ohne Fett"[67] in den Regalen der Supermärkte zu kaufen geben. Mit diesem Trend sehen einige Wissenschaftler, dass die zukünftige Lebensmittelproduktion sich zum größten Umweltproblem der Zukunft entwickeln wird. Der Anfang ist bei den Tiermastbetrieben, die immer größere Mengen von dem Treibhausgas Methan ausdünsten. Weiter werden bei den Veredelungsprozessen für Transport, Kühlung, Verpackungen, u. v. m. riesige Energieressourcen benötigt und der Einsatz von künstlichen Düngemitteln und einseitige Bodenbewirtschaftung belastet die Böden.[68]

5   Einstellung von Verbrauchern zur neuen Nahrung

Genmanipulierte Nahrungsmittel schrecken den Verbraucher bisher noch ab. Die Meinungen sind noch immer dahingehend, dass gentechnisch veränderte Lebensmittel gesundheitsgefährdend und zugleich noch unberechenbar sind wie sie auf und im Körper wirken. Die Verbraucher fühlen sich teilweise als Versuchskaninchen benutzt. Gespendeter Gen-Mais der USA an Sambia wurde trotz großer Hungersnot im Land abgelehnt, als bekannt wurde, dass dieser aus genmanipulierter Saat gewachsen war. Die Bevölkerung war sehr verunsichert, da sie nicht wussten was passiert wenn sich die künstlichen mit den heimischen Sorten vermischen würden. Sie glaubten als Versuchsland der Pharmaunternehmen missbraucht zu werden.[69]

Bisher lässt sich auch nicht ausschließen, dass ein fremdes Gen in einer Pflanze komplexe Stoffwechselprozesse auslöst, die zur Entstehung von evtl. giftigen Substanzen

---

[67] Traufetter, Gerald: Nahrung für alle – was Essen wir 2050?,
http://premium-link.net/$62535$475212967$/0,1518,1036_pkt_00200-druck-78488,00.html,
Stand 23.12.2004.
[68] Siehe Ebd. Stand 23.12.2004.
[69] Vgl. Grill Bartholomäus: Afrikas Angst, in: Die Zeit – Dossier, Ausgabe 35/2004, S.12.

führen können. Die Biologen wissen noch zu wenig über die Wechselbeziehungen der Gene. Hingegen werden bei der klassischen Züchtung von Pflanzen höhere Unsicherheiten in Kauf genommen. Auch hier wissen die Züchter nicht, was durch die Züchtung im Erbgut verändert wird und welche Auswirkungen diese auf anderes haben kann. Maßgeblich unterscheiden sich die beiden Methoden, die der klassischen Züchtung und die der Genmanipulation, dadurch dass bei der Genmanipulation eine gezielte Veränderung stattfindet. Bei der klassischen Züchtung hingegen wird vermischt, verteilt und abgewartet was dabei entsteht. Zudem, auch wenn die Pflanzenzüchter es ungern zugeben, bietet die natürliche Genauswahl nur eine unzureichende Auswahl an genetischer Vielfalt. In der Gentechnik dagegen kann über Artengrenzen hinweg beliebig kombiniert werden. Grundsätzlich kann jede manipulierte Pflanze neue Allergien auslösen. Umgekehrt kann aber gerade die Gentechnik helfen Lebensmittelallergien zu lindern, indem bspw. krank machende Eiweiße in der Pflanze identifiziert und ausgeschaltet werden. Zum Beispiel vertragen Millionen Menschen in Asien keinen Reis. Japanischen Wissenschaftlern gelang es nun dieses Eiweiß mittels der Genmanipulation auszuschalten. Ähnlich wie das bereits oben angeführte Bespiel der Sojapflanze von Monsanto, die gegenüber einem Unkrautvernichtungsmittel Resistenz aufweist. Nahrungsmittelingenieure gelingt es immer häufiger Eigenschaften wie Geschmack, Zusammensetzung oder den Ertrag von Pflanzen zu beeinflussen.

Bislang ist noch unklar wann die große Welle, die uns mit Gen-Nahrung überfluten wird, auf die Bevölkerung zu kommt, Landwirte hauptsächlich genmanipulierte Produkte anbauen werden und der Verbraucher Vertrauen in die genmanipulierten Nahrungsmittel gefunden hat. Mitarbeiter des Kölner Max-Planck-Institutes rechnen damit, dass gentechnisch veränderte Pflanzen für die deutsche Landwirtschaft einen Aufschwung bedeuten könnten. Auch die Saatguthersteller erhoffen sich weltweit ein Umsatzplus durch die Gentechnik. Zudem wird erwartet, dass „das Geschäft vor allem die Großen machen, die sich ihren grünen Kunstgeschöpfe rechtzeitig patentieren lassen"[70] und bei jeder neuen Aussaat eine Lizenzgebühr einkassieren wollen.

---

[70] Stamof, Olaf: Das neue Schlaraffenland, in: Der Spiegel – Spiegel Online, Stand 23.12.2004.

Literaturverzeichnis

Bethge, Philip: Satt durch Designer-Pflanzen?, in: Der Spiegel, Ausgabe 38, Hamburg 2004.

Bethge, Philip: Designerkost für alle, in: Der Spiegel, Ausgabe 12, Hamburg 2004.

Blumenschein, Markus: Deregulierung in der brasilianischen Sojawirtschaft – Innovation oder Stagnation, in: Geographische Rundschau, Heft 11(2004), Braunschweig-Berlin 2004.

Brown, Kathryn: Seeds of Concern, in: Scientific American, April 2001.

Derpsch, Rolf et al: Direktsaat, http://www.rolf-derpsch.com/direktsaat.htm#1, Stand 15.01.2005.

Deutschle, Tom et al: Ursachen der Regenwaldzerstörung: Landwirtschaft, in: http://www.faszination-regenwald.de/info-center/zerstoerung/soja.htm, Stand 09.01.2005.

Baer, Dieter (Red.): Duden, Das Fremdwörterbuch, Mannheim 2000.

Englert, Hermann: Risiko oder Rettung, in: Spektrum der Wissenschaft, Ausgabe 10, Heidelberg 2001, S. 56-57.

Grainer, Ralf; **Jany**, Klaus-Dieter: Mögliche Gefahren von Gen-Food, in: Spektrum der Wissenschaft, Ausgabe 11, Heidelberg 1998, S. 126-129.

Grill Bartholomäus: Afrikas Angst, in: Die Zeit – Dossier, Ausgabe 35, Hamburg 2004, S.12.

Hamann, Götz; **Fischermann**, Thomas: High-Tech für die Dörfer, in: Die Zeit, Ausgabe 29, Hamburg 2001, S. 4.

Heydenreich, Cornelia: Agrobusiness im Visier, in: Germanwatch, Blickpunkt Welthandel, Ausgabe 2, April 2004.

Herrberg, Anne: In Slums wächst kein Salat, http://www.dw-world.de/dw/article/0,,1089940,00.html, Stand 28.12.04.

Cheryl, Long: IS agribusinss making food less nutritious?, http://www.findarticles.com/p/articles/mi_M1279/is_204/ai_n6129844/print, Stand 05.12.2004.

Stamof, Olaf: Das neue Schlaraffenland, in: Der Spiegel – Der Spiegel Online, Ausgabe 15, Hamburg 1997.

Stitt, Markus: Überbevölkerung verlangt grüne Gentechnik, http://www.pnn.de/Pubs/campus/pageviewer.asp?TextID=12203, Stand 11.12.2004.

Traufetter, Gerald: Nahrung für alle – was Essen wir 2050?, http://premium-link.net/$62535$475212967$/0,1518,1036_pkt_00200-druck-78488,00.html, Stand 23.12.2004.

O. V.: Gentechnologie, http://de.wikipedia.org/wiki/Gentechnik, Stand 11.12.2004.

O. V.: GVO-Pflanzen – die nächste Generation, http://www.transgen.de/Anwendung/Pflanzen/output/nutzen.html, Stand 11.12.2004.

O. V. : Lebensmittel Reis,
http://images.google.de/imgres?imgurl=http://www.welt-markt-siegburg.de/unse
r_Angebot/Lebensmittel/Reis/Reisanbau/Reisfeld-2.jpg&imgrefurl=http://www.
welt-markt-siegburg.de/unser_Angebot/Lebensmittel/Reis/Reisanbau/body_reisa
nbau.html&h=191&w=293&sz=45&tbnid=i-SRteit58AJ:&tbh=72&tbnw=110&
start=1&prev=/images%3Fq%3DReis.Reisanbau%26hl%3Dde%26lr%3D,
Stand 11.12.2004.

Willenbrink, Johannes: Reisanbau in Südostasien – Geschichte, Züchtung, Erträge,
in: Geographische Rundschau 55, Heft 1, Braunschweig-Berlin 2003.